www.ingramcontent.com/pod-product-compliance
Lightning Source LLC
Chambersburg PA
CBHW072158170526
45158CB00004BA/1691
9781099921384